Veronika Lushchik

Modelação por simulação em biotecnologia industrial

Veronika Lushchik

Modelação por simulação em biotecnologia industrial

ScienciaScripts

Imprint
Any brand names and product names mentioned in this book are subject to trademark, brand or patent protection and are trademarks or registered trademarks of their respective holders. The use of brand names, product names, common names, trade names, product descriptions etc. even without a particular marking in this work is in no way to be construed to mean that such names may be regarded as unrestricted in respect of trademark and brand protection legislation and could thus be used by anyone.

Cover image: www.ingimage.com

This book is a translation from the original published under ISBN 978-3-659-71068-1.

Publisher:
Sciencia Scripts
is a trademark of
Dodo Books Indian Ocean Ltd. and OmniScriptum S.R.L publishing group

120 High Road, East Finchley, London, N2 9ED, United Kingdom
Str. Armeneasca 28/1, office 1, Chisinau MD-2012, Republic of Moldova, Europe
Printed at: see last page
ISBN: 978-620-7-98583-8

ÍNDICE DE CONTEÚDOS:

INTRODUÇÃO

Ramos da economia nacional como a ecologia, a biotecnologia, as indústrias médica, alimentar e microbiológica são muito importantes para o presente e o futuro da humanidade. Nestas indústrias, o objeto investigado neste documento é amplamente utilizado.

Atualmente, é dada muita atenção ao estudo de vários métodos de controlo dos processos evolutivos de várias comunidades biológicas. O interesse por tarefas deste tipo está relacionado com o aparecimento de novas tarefas praticamente importantes relacionadas com problemas de ecologia, proteção ambiental, desenvolvimento de novos medicamentos e também com o desenvolvimento de tecnologias para a biossíntese artificial de populações de microrganismos.

É necessário desenvolver novas tecnologias que permitam poupar energia e recursos materiais. Juntamente com o desenvolvimento de tecnologias de poupança de energia e de recursos, vários métodos de impacto artificial ativo no ambiente desempenham um papel cada vez mais importante, permitindo influenciar eficazmente as condições de desenvolvimento de espécies individuais (populações) de várias comunidades biológicas. Neste contexto, o desenvolvimento de métodos de gestão de populações é de grande importância. Tendo em conta a tendência geral de desenvolvimento de tecnologias económicas, o desenvolvimento de métodos para a gestão óptima de populações individuais e comunidades biológicas é do maior interesse. Deve notar-se que, embora recentemente tenha havido um grande número de publicações dedicadas aos problemas de controlo (incluindo o controlo ótimo) de tamanhos de população descritos por modelos determinísticos de tipo evolutivo, no entanto, uma vasta gama de problemas praticamente importantes de análise e controlo de comunidades biológicas cujo comportamento é descrito por equações diferenciais estocásticas determinísticas e não lineares continua a ser pouco estudada.

Os problemas de gestão do tamanho da população tornaram-se particularmente importantes devido ao desenvolvimento de métodos de biossíntese industrial artificial baseados na utilização de comunidades microbianas.

O cultivo de biomassa útil de microrganismos (bactérias) é efectuado em dispositivos especiais denominados quimióstatos. O objetivo do controlo do quimióstato é geralmente assegurar o modo de funcionamento correspondente à produtividade máxima e ao rendimento máximo da biomassa microbiana útil. Igualmente importantes são também os problemas de análise da dinâmica da população num quimiostato sob diferentes métodos de controlo do fluxo de entrada de substrato nutritivo. Assim, a solução de problemas específicos de controlo da população é de grande importância para o desenvolvimento de tecnologias de poupança de recursos em microbiologia industrial, bem como para o desenvolvimento de estratégias óptimas para a utilização de recursos naturais para fins económicos.

Todas as populações são caracterizadas por processos como o nascimento e a morte de indivíduos, a sua dispersão, a predação, a competição, o parasitismo, a propagação de doenças e uma série de outros factores. Todos estes processos são caracterizados pelas seguintes propriedades matemáticas comuns: dependências não lineares, efeitos de desfasamento, um grande número de variáveis com interações complexas e a presença de quantidades estocásticas.

Uma caraterística dos sistemas ecológicos é que o seu comportamento depende de um grande número de factores inter-relacionados, que são difíceis de ter totalmente em conta. Neste contexto, são feitas várias simplificações aquando do estudo de problemas específicos. São utilizados vários tipos de equações para descrever modelos simplificados: equações diferenciais ordinárias, equações diferenciais integro-diferenciais e parciais, equações desfasadas, equações estocásticas, etc.; todas elas são derivadas por um método uniforme, para o qual é utilizada a lei da conservação das populações (espécies).

Neste trabalho estudamos um modelo de um quimiostato com duas populações de microrganismos descrito por um sistema de equações de Michaelis-Menten. A modelação numérica de processos periódicos no quimiostato com uma função de controlo harmónico foi realizada utilizando o MatLab 6. A solução do sistema foi construída pela função integrada ode45 utilizando o algoritmo de Runge-Kutta (4,5 ordem de precisão) para resolver sistemas não rígidos de equações diferenciais. Os resultados foram utilizados para representar a população e as concentrações de substrato em diferentes intervalos de tempo do processo de modelação. O tempo de modelação foi escolhido de forma a permitir o fim dos processos transientes e o estabelecimento do regime de oscilações periódicas no quimiostato (regime de estado estacionário).

Com base nos resultados da modelização numérica, foram tiradas conclusões sobre a eficácia dos modos periódicos de controlo do quimiostato, permitindo assegurar níveis de concentração de biomassa útil inatingíveis sob acções de controlo constantes.

CAPÍTULO 1

COMUNIDADES MICROBIANAS

As culturas mistas são culturas em que a fermentação do substrato é sempre efectuada por meio de uma mistura de dois ou mais organismos.

A fermentação com culturas mistas oferece uma série de vantagens em relação à fermentação tradicional com uma única cultura:

O rendimento do produto acabado pode ser superior. O iogurte é produzido através da fermentação do leite com Streptococcus termófilo e bacilo búlgaro. Foi demonstrado que quando estas espécies foram cultivadas separadamente, foram obtidos 24 mmol e 20 mmol de ácidos, respetivamente; juntamente com a mesma quantidade de inóculo, foi obtido um rendimento de 74 mmol quando uma comunidade destas culturas foi cultivada. [666]O número de células de S. thermophilus aumentou de 500 *6* 10 células por mililitro para 880 10 células por mililitro quando cultivado com bacilo búlgaro.

As taxas de crescimento podem ser mais elevadas. Numa cultura mista de microrganismos, uma das culturas pode produzir factores de crescimento essenciais ou compostos necessários para a vida da outra cultura, tais como fontes de carbono ou azoto. Isto pode levar a uma alteração do pH do meio, melhorando assim a atividade de uma ou mais enzimas. Até a temperatura pode ser aumentada e favorecer o crescimento do segundo micróbio.

As culturas mistas podem conduzir a transformações em várias etapas que seriam impossíveis para um único microrganismo.

As culturas mistas permitem uma melhor utilização dos substratos. O substrato para a produção de alimentos fermentados é sempre uma mistura complexa de hidratos de carbono, proteínas e gorduras. As culturas mistas têm uma gama mais alargada de enzimas e são capazes de atacar uma maior variedade de compostos. Além disso, com uma seleção adequada de estirpes, são mais capazes de modificar ou destruir compostos tóxicos ou nocivos que possam estar no substrato de fermentação.

Desvantagens

O estudo científico das culturas mistas é difícil. É obviamente mais difícil estudar a fermentação se estiver envolvido mais do que um microrganismo. É por isso que a maioria dos estudos bioquímicos são efectuados em fermentações de cultura única, porque se elimina uma variável.

Um dos problemas mais graves na fermentação em cultura mista é o controlo do equilíbrio ótimo entre os microrganismos participantes. Este problema pode, no entanto, ser ultrapassado se o comportamento dos microrganismos for compreendido e esta informação for aplicada ao seu controlo.

Por exemplo, as bactérias e os fungos de origem marinha são fontes promissoras de novos compostos bioactivos que são importantes para os programas de descoberta de medicamentos. No entanto, apenas uma fração dos genes biossintéticos é transcrita em condições laboratoriais convencionais, que incluem o cultivo de estirpes microbianas axénicas. Em contrapartida, a co-cultura (também chamada fermentação mista) de dois ou mais microrganismos diferentes tenta imitar a situação natural, porque os microrganismos coexistem sempre em comunidades microbianas complexas. A competição ou o antagonismo experimentados na co-cultura resultam num aumento significativo da produtividade microbiana e/ou na acumulação de compostos crípticos que não se encontram em culturas axénicas da estirpe produtora.

CAPÍTULO 2

MODELOS MATEMÁTICOS

Os modelos que são analiticamente exploráveis e que possuem propriedades que permitem descrever toda uma gama de fenómenos naturais são designados por modelos de base. Os modelos básicos são, em regra, estudados em pormenor através de várias modificações. Uma vez estudada matematicamente a essência dos processos num modelo de base deste tipo, os fenómenos que ocorrem em sistemas reais muito mais complexos tornam-se compreensíveis por analogia. Assim, devido à sua simplicidade e clareza, os modelos básicos tornam-se extremamente úteis no estudo de uma grande variedade de sistemas.

Todos os sistemas biológicos a diferentes níveis de organização, desde as biomacromoléculas até às populações, são termodinamicamente não equilibrados, abertos a fluxos de matéria e energia. Por conseguinte, a não linearidade é uma propriedade inerente aos sistemas de base da biologia matemática. Apesar da grande diversidade dos sistemas vivos, podemos identificar algumas das propriedades qualitativas inerentes mais importantes: crescimento, auto-limitação do crescimento, capacidade de comutação - existência em dois ou mais modos estacionários, modos auto-oscilatórios (biorritmos), heterogeneidade espacial, quase-estocasticidade. Todas estas propriedades podem ser demonstradas em modelos dinâmicos não lineares relativamente simples, que funcionam como modelos de base da biologia matemática.

Um dos pressupostos fundamentais subjacentes a todos os modelos de crescimento é que a taxa de crescimento de uma população é proporcional à sua dimensão. Este pressuposto baseia-se no facto bem conhecido de que a caraterística mais importante dos sistemas vivos é a sua capacidade de reprodução. Para muitos organismos unicelulares ou células que fazem parte de tecidos celulares, trata-se simplesmente de uma divisão, ou seja, a duplicação do número de células após um determinado intervalo de tempo, denominado tempo caraterístico de divisão. Para plantas e animais organizados de forma complexa, a reprodução segue uma lei mais complexa, mas no modelo mais simples podemos assumir que a taxa de reprodução de uma espécie é proporcional ao número dessa espécie.

Série de Fibonacci

A formulação de problemas matemáticos em termos de dinâmica populacional remonta a tempos antigos. É da natureza humana raciocinar sobre assuntos que lhe são vitalmente próximos, e o que pode ser mais próximo do que as leis da reprodução das populações - pessoas, animais, plantas.

O primeiro modelo matemático existente de dinâmica populacional é apresentado no livro "Tratado sobre a Contagem" *("Liber abaci"),* datado de 1202, escrito pelo maior cientista italiano Leonardo Fibonacci - Leonardo de Pisa (presumivelmente

1170-1240). Este livro trata do seguinte problema. "Uma certa pessoa cria coelhos num espaço fechado por todos os lados por um muro alto. Quantos pares de coelhos nascem num ano de um par, se ao fim de um mês um par de coelhos produz outro par, e os coelhos dão à luz a partir do segundo mês após o seu nascimento". A solução do problema é uma série de números:

$$1, 1, 2, 3, 5, 8, 13, 21, 34, 55, 89, 144, 233, 377...$$

Os dois primeiros números correspondem ao primeiro e ao segundo mês de criação. Os 12 números seguintes correspondem ao crescimento mensal da população de coelhos. Cada linha subsequente é igual à soma das duas anteriores. A série (1.1) passou para a história como a série de Fibonacci, e os seus termos são números de Fibonacci. É a primeira sequência recursiva de números conhecida na Europa (em que a relação entre dois ou mais membros de uma série pode ser expressa como uma fórmula). A fórmula de recorrência para os termos da série de Fibonacci foi escrita pelo matemático francês Albert Girer em 1634.

$$Un \cdot 2 \quad Un \quad 1 \quad Un$$

Aqui U representa um membro da sequência, e o índice inferior é o seu número na série de números. Em 1753, Robert Simpson, um matemático de Glasgow, observou que, à medida que o número ordinal dos membros de uma série aumenta, a razão entre o membro subsequente e o anterior aproxima-se do número a, designado por razão áurea, igual a 1,6180.... Desde então, os naturalistas têm observado as suas regularidades na disposição das escamas dos cones, nas pétalas de um girassol, nas formações em espiral das conchas dos moluscos e noutras criações da natureza. A série de Fibonacci e as suas propriedades são também utilizadas na matemática computacional para criar algoritmos de contagem especiais.

Crescimento ilimitado. Crescimento exponencial.

O segundo modelo matemático mundialmente famoso, que se baseia no problema da dinâmica populacional, é o modelo clássico de crescimento ilimitado - progressão geométrica em representação discreta,

$$An + 1 = qAn \qquad (1.1)$$

ou expoente em contínuo

$$\frac{dx}{dt} = Rx \qquad (1.2)$$

Aqui, R em geral pode ser uma função da própria população e do tempo, ou pode depender de outros factores externos e internos.

O pressuposto de que a taxa de crescimento da população é proporcional à sua dimensão foi adotado já no século XVIII por Thomas Robert Malthus (1766-1834) no seu livro On Population Growth (1798). De acordo com a lei (1.4), se o coeficiente de proporcionalidade $R=const$ (como foi assumido por Malthus), a população crescerá indefinidamente de forma exponencial.

$$x = x_0 e^{rt} \tag{1.3}$$

Para a maioria das populações, existem factores limitantes e, por uma razão ou outra, o crescimento da população pára. Nenhuma população na natureza cresce indefinidamente. Por isso, há razões que impedem esse crescimento. Por conseguinte, a lei do crescimento exponencial é válida numa determinada fase de crescimento para populações de células em tecidos, algas ou bactérias em cultura.

Crescimento limitado. Equação de Verhulst.

O modelo básico que descreve o crescimento limitado é o modelo de Verhulst

$$\frac{dx}{dt} = rx(1 - \frac{x}{K}) \tag{1.4}$$

Esta equação logística tem duas propriedades importantes. Para um x pequeno, a dimensão da população x aumenta exponencialmente (como na Equação 1.4) e, para um x grande, aproxima-se de um determinado limite K. Este valor, designado por capacidade populacional, é determinado pelos recursos alimentares limitados, pelos locais de nidificação e por muitos outros factores que podem ser diferentes para espécies diferentes.

Assim, a capacidade do nicho ecológico é um fator sistémico que determina a limitação do crescimento da população num determinado habitat.

O gráfico da dependência da parte direita da equação (1.4) do número x e do tamanho da população no tempo é apresentado na Fig. 1 (a e b).

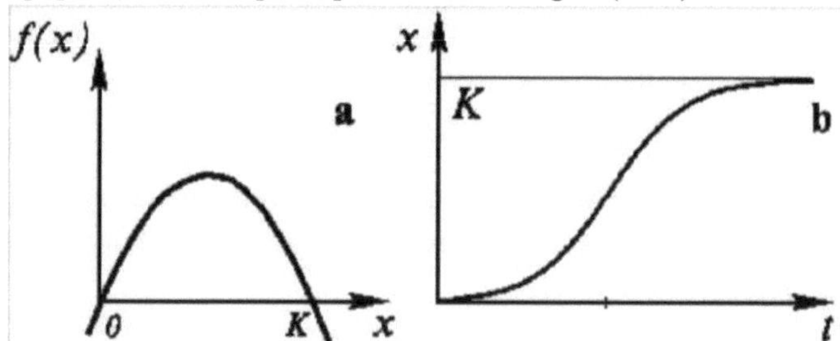

Figura 1. Crescimento limitado. Dependência da taxa de crescimento em relação à população (a) e da população em relação ao tempo (b) para a equação logística (1.4).

Na natureza, as populações têm não só um tamanho máximo, determinado pela dimensão do nicho ecológico K, mas também um tamanho mínimo crítico. Se a população descer abaixo deste número crítico devido a condições desfavoráveis ou em resultado de predação, torna-se impossível restaurar a população.

A densidade crítica inferior varia de espécie para espécie. Estudos realizados por biólogos mostraram que pode ser tão baixa como um par de indivíduos para o rato-almiscarado e centenas de milhares de indivíduos para o pombo-torcaz americano por mil quilómetros quadrados. Era difícil assumir antecipadamente que uma espécie tão abundante já tinha ultrapassado o limite crítico do seu número e estava condenada à extinção. Por exemplo, no caso das baleias azuis, o limite crítico da população situa-se entre as dezenas e as centenas.

Modelos Mono e Michaelis-Menten.

Uma das razões para a limitação do crescimento pode ser a falta de alimentos - limitação do substrato (na linguagem da microbiologia).

Os microbiologistas há muito que notaram que, em condições de limitação de substrato, a taxa de crescimento aumenta em proporção à concentração de substrato e, se houver substrato suficiente, atinge um valor constante determinado pelas capacidades genéticas da população.

Durante algum tempo, a população cresce exponencialmente até que a taxa de crescimento começa a ser limitada por outros factores. Isto significa que a dependência da taxa de crescimento R na fórmula (1.4) em relação ao substrato pode ser descrita na forma:

$$\mu(s) = \frac{\mu S}{K_M + S}$$

K_M Aqui *está uma* constante igual à concentração de substrato na qual a taxa de crescimento é metade da máxima; μ é a taxa de crescimento máxima igual ao valor de r na fórmula. Esta equação foi escrita pela primeira vez pelo grande bioquímico francês Jacques Monod (1912-1976).

O modelo de Monod coincide na sua forma com a equação de Michaelis-Menten (1913), que descreve a dependência da velocidade de uma reação enzimática em relação à concentração de substrato, desde que o número total de moléculas de enzima seja constante e muito inferior ao número de moléculas de substrato:

$$\mu(s) = \frac{\mu S}{K_M + S}$$

K_M Aqui está a constante de Michaelis, um dos valores mais importantes para as reacções enzimáticas, determinado experimentalmente, tendo o significado e a dimensão da concentração de substrato em que a velocidade de reação é metade da máxima.

Modelos de interação entre duas populações. Modelos clássicos de Lotka e de Volterra.

O primeiro estudo matemático aprofundado sobre as regularidades da dinâmica das populações em interação foi apresentado no livro de V. Volterra "Mathematical Theory of the Struggle for Existence" (1931).

O grande matemático italiano Vito Volterra, fundador da biologia matemática, propôs descrever a interação das espécies da mesma forma que na física estatística e na cinética química: como termos multiplicativos nas equações (produtos dos números das espécies em interação).

Os sistemas estudados por Volterra são constituídos por várias espécies biológicas e por uma reserva alimentar que é utilizada por algumas das espécies consideradas. Os seguintes pressupostos são formulados sobre os componentes do sistema:

1. Os alimentos estão disponíveis em quantidades ilimitadas ou o seu fornecimento é estritamente regulado ao longo do tempo. Os indivíduos de cada espécie morrem de forma a que uma proporção constante dos indivíduos existentes morra por unidade de tempo.

2. As espécies predadoras comem presas, e o número de presas comidas por unidade de tempo é sempre proporcional à probabilidade de se encontrarem indivíduos das duas espécies, ou seja, o produto do número de predadores pelo número de presas.

3. Se existirem alimentos em quantidade ilimitada e várias espécies capazes de os consumir, a proporção de alimentos consumidos por cada espécie por unidade de tempo é proporcional ao número de indivíduos dessa espécie, tomado com um coeficiente dependente da espécie (modelos de competição interespecífica).

4. Se uma espécie se alimenta de alimentos que estão disponíveis em quantidades ilimitadas, o aumento da abundância de espécies por unidade de tempo é proporcional à abundância da espécie.

5. Se uma espécie se alimenta de alimentos disponíveis em quantidades limitadas, a sua reprodução é regida pela taxa de ingestão de alimentos, ou seja, por unidade de tempo, o crescimento é proporcional à quantidade de alimentos ingeridos.

As hipóteses acima descritas permitem descrever sistemas vivos complexos através de sistemas de equações diferenciais ordinárias, em cujas partes direitas existem somas de termos lineares e bilineares. Estas equações também descrevem sistemas de reacções químicas.

Em geral, tendo em conta a autolimitação da abundância pela lei logística, o sistema de equações diferenciais que descreve a interação entre as duas espécies pode ser escrito da seguinte forma

$$\begin{cases} \dfrac{dx_1}{dt} = a_1 x_1 + b_{12} x_1 x_2 \\[2ex] \dfrac{dx_2}{dt} = a_2 x_2 + b_{21} x_1 x_2 \end{cases}$$

Aqui, os parâmetros *ai* são as constantes da taxa de crescimento intrínseco das espécies, *bij* são as constantes de interação das espécies, *(i,j=1,2)*. A correspondência entre os sinais destes últimos coeficientes e os diferentes tipos de interações é apresentada no Quadro 1.

Quadro 1: Tipos de interações entre espécies

Тип взаимодействия	b12	b22	Коэфициенты
Симбиоз	+	+	b12, b21>0
Комменсализм	+	0	b12>0, b21=0
Хищник-жертва	+	-	b12,>0, b21<0
Аменсализм	0	-	b12,=0, b21<0
Конкуренция	-	-	b12, b21<0
Нейтрализм	0	0	b12, b21=0

O exame das propriedades dos modelos de tipo leva a algumas conclusões importantes sobre o resultado das interações entre espécies.

As equações de competição (b12>0, b21<0) prevêem a sobrevivência de uma das duas espécies se a taxa de crescimento intrínseco da outra espécie for inferior a um valor crítico.

A simbiose é uma coabitação estreita a longo prazo de dois organismos de espécies diferentes, em que estes se beneficiam mutuamente.

Comensalismo - cópula, esponja, coabitação de animais de espécies diferentes, caracterizada pelo facto de um deles (comensal) viver permanente ou temporariamente à custa do outro sem lhe causar danos.

Amensalismo - (do grego a - partícula negativa e do latim mensa - mesa, refeição), forma de relação entre organismos, útil para uma espécie, mas prejudicial para outra.

Retratos de fase

Se as equações do sistema forem representadas na forma normal, o vetor de estado do sistema define exclusivamente o seu estado. Cada estado do sistema no espaço de estados corresponde a um ponto. O ponto correspondente ao estado atual do sistema é designado por ponto imagem. Quando o estado muda, o ponto imagem descreve uma trajetória. Esta trajetória é designada por trajetória de fase. O conjunto de trajectórias de fase correspondentes a diferentes condições iniciais possíveis é designado por retrato de fase.

A trajetória de fase e o retrato de fase podem ser visualizados no caso de um espaço de fase bidimensional. Um espaço de fase bidimensional é designado por plano de fase.

Um plano de fase é um plano de coordenadas em que duas variáveis (coordenadas de fase) são traçadas ao longo dos eixos de coordenadas, que definem de forma única o estado do sistema de segunda ordem. O método de análise e síntese de um sistema de controlo baseado na construção de um retrato de fase é designado por método do plano de fase.

Apenas uma trajetória pode passar por qualquer ponto do espaço de fases. No entanto, existem pontos especiais no plano de fase - pontos onde a velocidade de fase é zero e, portanto, esses pontos são a posição de equilíbrio do sistema. Mais do que uma trajetória de fase pode passar por pontos especiais.

Para construir o retrato de fase, é utilizado o método da isoclina - são traçadas linhas no plano de fase que intersectam as curvas integrais num determinado ângulo. A equação da isoclina é facilmente obtida a partir de (1.8)

$$\frac{dx}{dy} = A,$$

(1.8)

em que A é um determinado valor constante. O valor de A representa a tangente do ângulo de inclinação da tangente à trajetória de fase e pode assumir valores de -∞ a +∞. Substituindo A em vez de dy/dx em (1.8), obtém-se a equação da isóclina:

$$A = \frac{Q(x,y)}{P(x,y)}$$

(1.9)

A equação (1.9) define, em cada ponto do plano, uma única tangente à curva integral correspondente, exceto no ponto em que P $(x,y) = 0$, Q $(x,y) = 0$, onde a direção da tangente se torna indefinida porque o valor da derivada se torna indefinido:

$$\left.\frac{dy}{dx}\right|_{x=\bar{x}, y=\bar{y}} = \frac{Q(\bar{x},\bar{y})}{P(\bar{x},\bar{y})} = \frac{0}{0}$$

(1.10)

Este ponto é o ponto de intersecção de todas as isoclinais - um ponto especial. Neste ponto, as derivadas temporais das variáveis x e y são simultaneamente iguais a zero.

$$\left.\frac{dx}{dt}\right|_{\bar{x},\bar{y}} = P(\bar{x},\bar{y}) = 0, \quad \left.\frac{dy}{dt}\right|_{\bar{x},\bar{y}} = Q(\bar{x},\bar{y}) = 0.$$

(1.11)

Assim, no ponto singular as taxas de variação das variáveis são iguais a zero. Assim, o ponto especial das equações diferenciais das trajectórias de fase (1.11) corresponde ao estado estacionário do sistema (1.10), e as suas coordenadas são os valores estacionários das variáveis x, y.

De particular interesse são as principais isóclinas:

$dy/dx=0$, $P(x,y)=0$ - isoclinais de tangentes horizontais e

$dy/dx=∞$, $Q(x,y)=0$ são isoclinais de tangentes verticais.

Tendo construído as isocinas principais e encontrado o ponto de intersecção (x, y), cujas coordenadas satisfazem as condições:

$$P(\bar{x},\bar{y}) = 0, \quad Q(\bar{x},\bar{y}) = 0,$$

(1.12)

Encontraremos assim o ponto de intersecção de todas as isoclinais do plano de fase, onde a direção relativa às trajectórias de fase é incerta. Este é um ponto especial que corresponde ao estado estacionário do sistema (Fig. 1.2).

O sistema (1.10) tem tantos estados estacionários quantos os pontos de intersecção das isoclinais principais no plano de fase.

Cada trajetória de fase corresponde a um conjunto de movimentos de um sistema dinâmico, que passam pelos mesmos estados e diferem uns dos outros apenas pelo início da referência temporal.

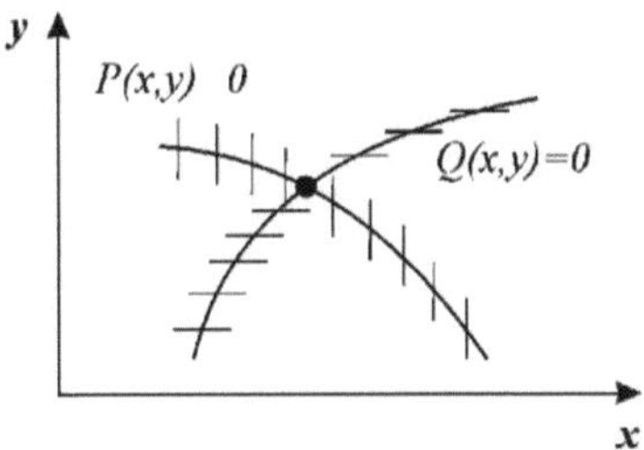

Figura 1.2 - Intersecção das principais isocinas no plano de fase.

Assim, as trajectórias de fase do sistema são projecções de curvas integrais no espaço das três dimensões x, y, t sobre a barragem x, y (Fig. 1.3).

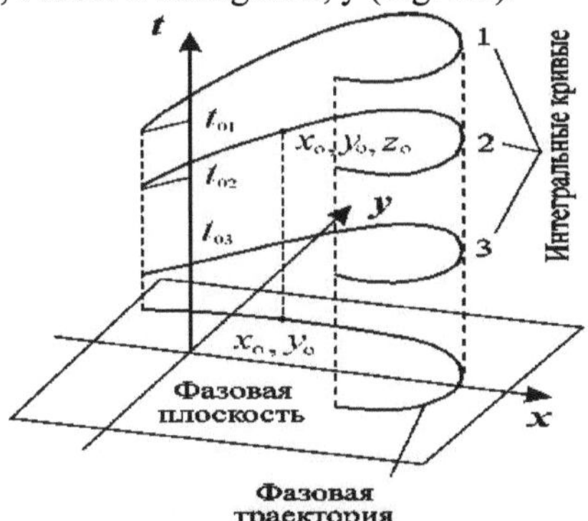

Figura 1.3 - Trajetória do sistema no espaço (x, y, t).

Se as condições do teorema de Cauchy forem satisfeitas, então uma única curva integral passa por cada ponto do espaço x, y, t. O mesmo se aplica, devido à autonomia, às trajectórias de fase: uma única trajetória de fase passa por cada ponto do plano de fase.

Historicamente, a microbiologia matemática como ciência autónoma tem as suas origens no trabalho seminal de Monod. Ao estudar o crescimento de culturas de microrganismos em substratos limitantes, Monod demonstrou que, quando as condições externas são constantes, o rácio permanece constante:

$$Y = (X - X_0)[(S_0 - S)^{-1} = \text{const} \tag{1.12}$$

Ou, na terminologia moderna, o coeficiente económico; as concentrações atual e inicial de biomassa e substrato, respetivamente. Além disso, Monod, no mesmo trabalho, escreveu um sistema fechado de equações que descrevem o crescimento de uma cultura semeada num determinado recipiente:

$$dX/dt = \mu\,(S)\,X = \mu_{max}\,S/(K_S + S),$$
$$dX/dt + Y\,dS/dt = 0, \quad X\,(0) = X_0, \quad S\,(0) = S_0, \qquad (1.13)$$

e encontrámos uma solução analítica. Em variáveis adimensionais:

$$x = X/K_S Y, \quad y = S/K_S, \quad \tau = t\mu_{max} \qquad (1.14)$$

A dependência é expressa na soma dos logaritmos:

$$\tau\,(x) = \frac{1 + x_0 + y_0}{x_0 + y_0}\,\ln\frac{x}{x_0} + \frac{1}{x_0 + y_0}\,\ln\frac{y_0}{x_0 + y_0 - x} \qquad (1.15)$$

(Figura 1.4, curva I).

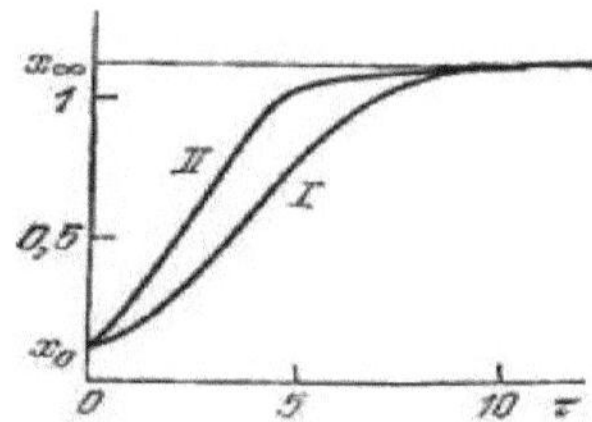

Figura 1.4 - Crescimento da biomassa: 1 modelo Mono (1.15), 2 modelo Verhulst

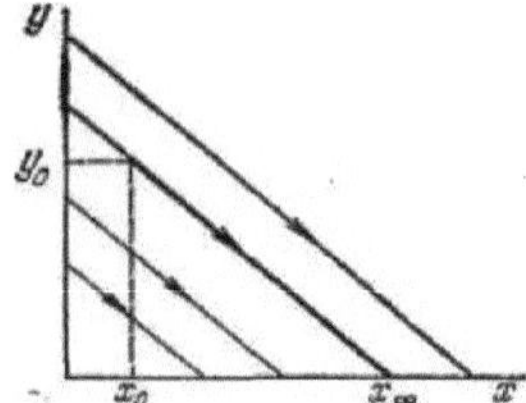

Figura 1.5 - Retrato de fase do sistema (1.15).

Assim, já nos anos 40, foi construído um modelo matemático de crescimento de culturas bacterianas num recipiente fechado. A paragem do crescimento da biomassa neste modelo tem uma causa física clara - o esgotamento do meio nutriente, e esta é, na nossa opinião, a vantagem do modelo Mono (1.15) sobre outros, por exemplo, sobre o modelo de Ferhulst.

Modelo II. A fase seguinte da microbiologia matemática pode ser considerada como o desenvolvimento de modelos de crescimento microbiano em condições de fluxo. A cultura contínua ou de fluxo tem tido uma vasta aplicação na produção industrial, uma vez que permite a produção contínua de uma massa homogénea de células através da planta. A teoria do cultivador contínuo, o quimiostato, foi proposta nos anos 50 por Mono e, paralelamente, nos EUA por Novick e Scillard.

As equações do equilíbrio limitante da biomassa e do substrato no quimiostato (usando a fórmula de Mono) foram escritas como um sistema de equações

$$\frac{dX}{dt} = \mu\,(S)\,X - DX, \quad \mu\,(S) = \frac{\mu_{max}\,S}{K_S + S},$$

$$\frac{dS}{dt} = -\frac{1}{Y}\,\mu\,(S)\,X + D\,(S_0 - S),$$

$$(1.16)$$

onde é a taxa de fluxo, ou taxa de diluição, tendo a dimensão da concentração de substrato que entra no cultivador, o coeficiente económico. Em variáveis adimensionais temos:

$$dx/d\tau = xy/(1+y) - \delta x, \quad dy/d\tau = -xy/(1+y) + \delta\,(y_0 - y). \qquad (1.17)$$

É aqui que são introduzidos os parâmetros

$$\delta = D/\mu_{max}, \quad y_0 = S_0/K_S.$$

O sistema tem dois pontos especiais:

$$\bar{x} = 0, \quad \bar{y} = y_0,$$
$$\bar{x} = y_0 - \bar{y}, \quad \bar{y} = \delta \cdot (1 - \delta)^{-1}.$$

$$(1.18)$$

O valor limite do caudal é designado por taxa de lixiviação. De facto, quando o crescimento da biomassa já não consegue compensar o seu escoamento e a cultura é completamente "lavada" do cultivador. As concentrações estacionárias x e em (1.17) são representadas na Fig. 1. 6 por linhas sólidas.

A Fig. 1.7 mostra o retrato de fase do sistema (1.17). No caso (a) todas as trajectórias convergem para o ponto estacionário 2, caso contrário para o ponto 1 (ocorre lixiviação de biomassa).

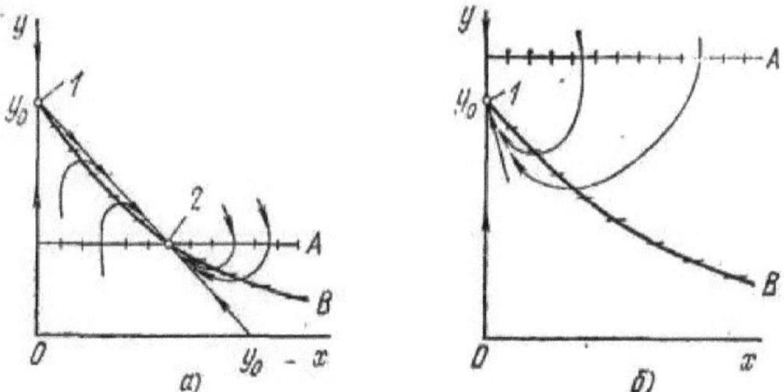

Figura 1.6 - Dependência das concentrações estacionárias em 8, linhas sólidas - modelo II, pontilhado - modelo I

Figura 1.7 - Retrato de fase do modelo II (Mono). A - isoclinais das tangentes verticais: B - tangentes horizontais

Assim, num cultivador de fluxo contínuo, pode existir um equilíbrio estável com biomassa diferente de zero quando o crescimento microbiano é limitado pelo substrato. A estabilidade do sistema é assegurada como que por um "feedback negativo" devido à concentração do substrato limitante.

Uma propriedade importante do quimiostato - "auto-estabilização" do fator limitante - foi observada no trabalho de Pechurkin et al.

Notemos aqui uma outra propriedade do quimióstato, investigada pela primeira vez por Novik e Scillard - a auto-seleção de mutantes: se uma nova estirpe, melhor utilizadora de um dado substrato, se formar como resultado de uma mutação, então, com o tempo, ela desloca a estirpe de saída do quimióstato. Por outras palavras, duas estirpes que competem pelo mesmo substrato não podem coexistir de forma sustentável num cultivador de fluxo contínuo.

$$dx/d\tau = xy/(1 + y + \gamma y^2) - \delta x,$$
$$dy/d\tau = -xy/(1 + y + \gamma y^2) + \delta (y_0 - y). \tag{1.19}$$

Modelo III. Passemos agora ao modelo que tem em conta a supressão do substrato (redução da taxa de crescimento a concentrações elevadas de substrato). Neste caso, a taxa de crescimento sem dimensão em função da concentração de substrato sem dimensão é dada pela expressão (1.11). A função atinge o seu valor máximo em (ver Figura 1.7). Sistema de equações que descreve o crescimento da biomassa num quimiostato na presença de supressão de substrato (1.19)

Assim, se existir apenas um valor estacionário positivo de y e o comportamento do sistema não diferir praticamente do do modelo Mono (neste caso, não se atinge o máximo da curva e a influência da supressão do substrato não é afetada).

Da fórmula (1.19) conclui-se que o ponto correspondente à parte inferior da curva é um nó estável e o ponto superior é uma sela. No intervalo de valores dos parâmetros, existem dois pontos especiais estáveis em simultâneo e, por conseguinte, a histerese será observada com uma alteração suave do parâmetro. (Fig. 1.8).

O retrato de fase do sistema (1.19) no caso em que todos os três pontos especiais existem simultaneamente é mostrado na Fig. 1.9. As isoclinais das tangentes horizontais intersectam três vezes a linha de valor estacionário. No plano de fase existe uma separatriz que separa as zonas de atração dos pontos estáveis 1 e 3.

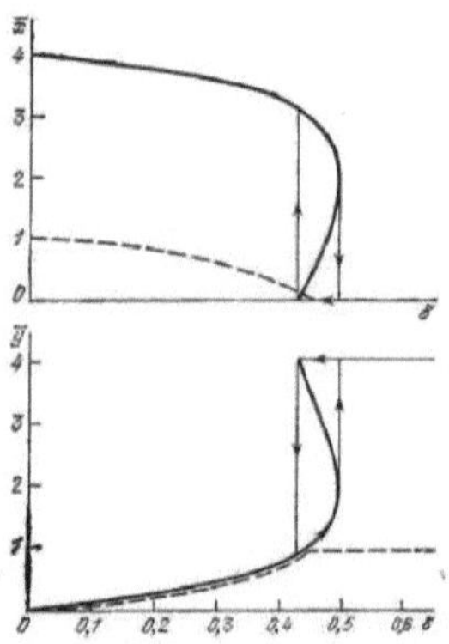

Figura 1.8 - Dependência das concentrações estacionárias x e y em δ (modelo III)

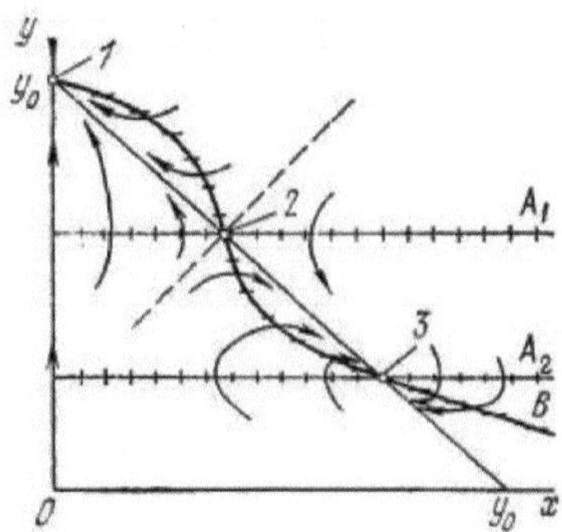

Figura 1.9 - Retrato de fase do modelo III. Isoclinais de tangentes verticais a tangentes horizontais - curva B - separatriz pontilhada do ponto de sela 2.

CAPÍTULO 3

MODELOS MATEMÁTICOS DE CULTURA DE MICRORGANISMOS EM FLUXO CONTÍNUO

Uma abordagem empírica à construção de modelos é geralmente aceite em microbiologia. De todos os factores que afectam o crescimento celular, é selecionado um fator limitante e a dependência da taxa de crescimento da população em relação à concentração do substrato é determinada experimentalmente. Em geral, a cinética da concentração celular numa cultura contínua é descrita pela equação:

$$\frac{dx}{dt} = x(\mu - \nu)$$

μ-Aqui x é a concentração de células no cultivador; é uma função que descreve a reprodução da população. νPode depender da concentração de células x, da concentração de substrato (geralmente denotada por S), da temperatura, do pH do meio e de outros factores; - taxa de lavagem.

São necessários reguladores externos para manter a cultura numa área de crescimento ilimitado. Se o crescimento for limitado por um fator externo, como a falta de substrato, o modo de funcionamento em estado estacionário do cultivador é estabelecido por autorregulação. Isto ocorre em sistemas de fluxo natural e no tipo mais comum de cultivador contínuo, o quimióstato, onde a taxa de diluição da cultura ou a taxa de fluxo é definida. A teoria do quimiostato foi desenvolvida pela primeira vez por Monod (1950) e Herbert (1956) e tem sido continuamente aperfeiçoada desde então. Os modelos modernos têm em conta a heterogeneidade estrutural da biomassa, a heterogeneidade etária da cultura (distribuição do número de indivíduos por idade na população), a representação discreta e contínua da estrutura etária e outros pormenores da cultura.

Com agitação contínua, todo o volume do cultivador pode ser considerado homogeneamente preenchido, as concentrações de substrato e células em cada ponto do cultivador são as mesmas e o comportamento destas concentrações ao longo do tempo pode ser descrito através de um sistema de equações diferenciais ordinárias:

$$\begin{cases} (a)\dfrac{dx}{dt} = \mu(S)x - Dx, \\[2mm] (b)\dfrac{dS}{dt} = DS_0 - \alpha\mu(S)x - DS, \\[2mm] (c)\mu(S) = \dfrac{\mu_m S}{K_m + S} \end{cases}$$

-1Aqui S - concentração de substrato; x - concentração de células no cultivador; So - concentração de substrato que entra no cultivador; D - taxa de fluxo (diluição) da cultura; α - coeficiente económico que mostra que parte do substrato absorvido vai para o aumento da biomassa. O significado dos termos incluídos no lado direito das equações:

- $\mu(S)x$ - crescimento da biomassa devido à absorção de substrato;
- Dx - saída de biomassa do cultivador;
- $\alpha\mu(S)x$ *é a* quantidade de substrato absorvido pelas células da cultura;
- $_0S$ - entrada de substrato no cultivador;
- DS - saída de substrato não utilizado do cultivador;
- $_mK$ - Constante de Michaelis-Menten [mol/L].

Assume-se que a taxa de crescimento da biomassa depende apenas da concentração de substrato, de acordo com a fórmula de Mono (1.12).

No quimióstato, a taxa de diluição D é fixada arbitrariamente e os microrganismos "escolhem" a sua concentração e mantêm uma taxa de crescimento específica μ igual a D. Este processo de autorregulação da taxa de reprodução microbiana está relacionado com a dependência da taxa de crescimento específico μ da concentração de substrato orgânico no ambiente.

Uma discussão pormenorizada desta questão foi efectuada por Monod e Herbert. Quando a taxa de crescimento específico μ é inferior a uma determinada taxa de diluição específica D, a densidade da população de células microbianas no cultivador começa a diminuir, ou seja, os microrganismos são gradualmente eliminados pelo fluxo do meio. Como resultado, a concentração de substrato no cultivador aumenta (uma vez que a taxa de utilização do substrato pela população microbiana diminui).

À medida que a concentração de substrato aumenta, a taxa de crescimento específico aumenta. Quando o valor de μ se torna igual a D, estabelece-se o equilíbrio no sistema. Quando a taxa específica de diluição D diminui, a situação inverte-se. A desigualdade $D<\mu$ significa que o número de células no quimiostato aumenta, enquanto a concentração de substrato diminui.

Consequentemente, a taxa de crescimento específico // também diminuirá até se tornar igual a D. Como resultado, será estabelecida uma nova posição de equilíbrio. Daqui se conclui que os processos contínuos têm a capacidade de se auto-regularem. $_{maxmax}$ Este raciocínio é verdadeiro quando $D<\mu$. Caso contrário, ou seja, quando $D\geq\mu$ max , os microrganismos são sempre lavados para fora do cultivador.

Os cultivadores deste tipo podem ser ligados em série, resultando num cultivo contínuo em várias fases, designado por Herbert [2] como cultivo em várias fases de fluxo único.

Finalmente, os sistemas acima descritos podem ser complementados pela recirculação de uma certa quantidade de biomassa celular. Neste caso, a suspensão de células que sai do último fermentador é concentrada numa centrífuga de fluxo contínuo. Uma parte das células é recirculada (devolvida) ao primeiro fermentador.

O termo geral "ecostato" foi proposto para dispositivos em que tanto os factores abióticos (concentrações) como as condições bióticas dos indivíduos (em particular a densidade) são regulados.

Um modelo matemático do quimiostato de Michaelis-Men gen.

O sistema de equações diferenciais que descreve o processo de cultivo da comunidade microbiana em quimiostato na presença de um substrato é escrito na forma

$$\begin{cases} \dot{S} = D(S_0 - S) - \sum_{j=1}^{n} \frac{1}{y_j} \mu_j(S)x_j \\ \dot{x}_i = (-D + \mu_j(S))x_i \\ i = 1,...,n \end{cases}$$

O substrato é alimentado com solução nutritiva a uma concentração So e lavado para fora do cultivador a uma concentração S, xi é a concentração de microrganismos da i-ésima população no quimióstato, yi é a constante de crescimento dos microrganismos]-ésima população.

A maior parte dos modelos dinâmicos conhecidos para o quimiostato diferem entre si no tipo de função // (S) da taxa de crescimento específica.

Durante a fermentação contínua num quimiostato, como regra, todos os parâmetros de cultivo são mantidos a um nível constante. No entanto, devido a algumas razões (físico-químicas ou biológicas), alguns parâmetros podem mudar, o que naturalmente levará a uma perturbação do estado de equilíbrio do processo de fermentação.

Muitos autores investigaram experimentalmente a questão da natureza do comportamento de uma população de microrganismos em cultura aquando de uma alteração súbita de um ou mais parâmetros, tais como a taxa de diluição específica D, a concentração de substrato S e a temperatura. Como resultado da investigação, demonstrou-se que, após uma alteração súbita de um parâmetro, ocorre um processo transitório, em resultado do qual o sistema passa para um novo estado ou o processo de fermentação pára completamente. No caso de uma mudança brusca no tamanho da população cultivada, o sistema, em regra, retorna ao estado estacionário inicial (uma diminuição brusca na concentração de organismos vivos pode ser causada, por exemplo, por uma forte dose de radiação radioactiva ou qualquer outro fator de influência).

Se n espécies diferentes de microrganismos forem cultivadas no mesmo substrato orgânico num quimiostato, haverá uma deslocação de algumas espécies por outras. A análise mais pormenorizada (no sentido experimental e teórico) dos processos de seleção microbiana num quimiostato foi realizada pela primeira vez nos trabalhos de Moser, Novik e Scilard.

Resultados matemáticos básicos para o modelo de quimiostato de Mechaelis-Menten.

Consideraremos um modelo dinâmico de quimiostato Michaelis-Menten [4] com um substrato orgânico e duas espécies de microrganismos, em que a taxa de crescimento específico da cultura:

$$\mu(s) = \frac{mS}{a + S}$$

O modelo do quimiostato de Michaelis-Menten é descrito pelo seguinte sistema de equações diferenciais :

$$\begin{cases} \dot{S}(t) = (u(t) - S(t))D - \dfrac{m_1 x_1(t)S(t)}{a_1 + S(t)} - \dfrac{m_2 x_2(t)S(t)}{a_2 + S(t)} \\[2ex] \dot{x}_1(t) = \left(\dfrac{m_1 x_1(t)S(t)}{a_1 + S(t)} - D \right) x_1(t) \\[2ex] \dot{x}_2(t) = \left(\dfrac{m_2 x_2(t)S(t)}{a_2 + S(t)} - D \right) x_2(t) \end{cases}$$

S(t), xl(t), x2(t) representam as densidades do substrato nutritivo e dos microrganismos no momento t.

A função de controlo escalar u(t) >= 0 determina a taxa de alimentação do substrato nutritivo para o quimióstato.

Os restantes parâmetros D, ml, al, m2, a2 do modelo (1.16) são números positivos.

O número D (coeficiente de lixiviação) determina a taxa de fluxo de substância através do quimióstato, os números mi [mol/L/seg] (i=1,2) determinam a taxa máxima de crescimento da i-ésima população e os números ai [mol/L]- (constantes de Michaelis-Menten) denotam a densidade de substrato para a qual a taxa de crescimento específico - miS/(ai + S) para a i-ésima população é igual a metade do valor máximo de mi

Note-se que, em rigor, os resultados são válidos apenas para pequenos valores das amplitudes das influências de entrada um, uma vez que na análise de processos oscilatórios é utilizado um método aproximado em que as soluções S(t), xl(t) e x2(t) do sistema são procuradas sob a forma de expansões assintóticas por potências do valor um, que desempenha o papel de um pequeno parâmetro.

CAPÍTULO 4

ANÁLISE NUMÉRICA DE PROCESSOS PERIÓDICOS EM QUIMIOSTATO

É apresentado um sistema de equações diferenciais que descreve os processos de desenvolvimento de populações microbianas num quimiostato proposto por Michaelis-Menten:

$$\begin{cases} \dot{S}(t) = (u(t) - S(t))D - \dfrac{m_1 x_1(t)S(t)}{a_1 + S(t)} - \dfrac{m_2 x_2(t)S(t)}{a_2 + S(t)} \\[2ex] \dot{x}_1(t) = \left(\dfrac{m_1 x_1(t)S(t)}{a_1 + S(t)} - D \right) x_1(t) \\[2ex] \dot{x}_2(t) = \left(\dfrac{m_2 x_2(t)S(t)}{a_2 + S(t)} - D \right) x_2(t) \\[2ex] u(t) = u_0 + u_m \sin(\omega t) \end{cases}$$

O software utilizado para construir as soluções do sistema foi o MathWorks Inc. - MatLab 6.12R. O sistema MATLAB (MATrix LABoratory) tem sido desenvolvido com sucesso pela MathWorks. O Matlab é uma linguagem de alto desempenho para cálculos técnicos e sistemas interactivos em que o principal elemento de dados é uma matriz. Permite resolver várias tarefas relacionadas com cálculos, especialmente as que envolvem matrizes e vectores, várias vezes mais depressa do que quando se escrevem programas utilizando as linguagens de programação C ou Fortran.

A escolha deste programa foi justificada pelo facto de o MatLab ser orientado para métodos numéricos e dispor de vários métodos de resolução de sistemas de equações diferenciais (SDEs) na forma de Cauchy, incluindo os de sistemas rígidos.

No sistema MATLAB existe um pacote completo de procedimentos concebidos para resolver o problema de Cauchy para um sistema de equações diferenciais ordinárias (EDO). Além disso, este pacote fornece diferentes algoritmos para resolver esse problema, mas para poupar esforços e facilitar o trabalho, o tratamento e a escrita do código adicional necessário é o mesmo e não depende do algoritmo. Consideremos o método de resolução de tais sistemas, independentemente do algoritmo de solução utilizado no Matlab 6.

Uma grande classe de EDOs, nomeadamente, equações com uma única variável independente, mais frequentemente designada por tempo t, resolvidas em relação à derivada sénior, pode ser reduzida a um sistema de equações diferenciais de primeira ordem da forma:

$$y'(t) \quad F(t, y(t))$$

Se os lados direitos do sistema correspondente forem suficientemente suaves, então o sistema descrito tem uma única solução. E se, para além disso, não existir uma expressão analítica para a solução, então a solução pode ser obtida numericamente usando um dos algoritmos usados no MATLAB.

Métodos de resolução de EDOs (Solvers).

No MatLab, podem ser utilizados diferentes procedimentos para resolver numericamente EDOs.

O MATLAB tem as seguintes funções para resolver sistemas de equações não rígidas: ode45 - baseado no método explícito de Runge-Kutta. É um algoritmo de um passo - para calcular y(tn) é necessário conhecer a solução num ponto anteriortu(1p-1). Esta função é mais conveniente para a primeira solução de "tiro" da maioria dos problemas. ode23 - também baseado no método explícito de Runge-Kutta, mas de ordem inferior, pelo que é mais adequado para obter uma solução mais grosseira (com menor precisão) e na presença de pequena rigidez. É também um método de um passo.

ode113 - utiliza o método de Adams-Bashforth-Milton de ordem variável. Pode ser mais eficiente do que o método ode45, especialmente com uma precisão elevada e quando os lados direitos das equações são difíceis de calcular. O método é multi-passo, pelo que requer o conhecimento da solução em vários pontos iniciais para começar a resolver.

O MATLAB fornece 4 funções para resolver sistemas rígidos de equações.

ode 15s baseia-se num método de diferenciação numérica para trás, conhecido como método Tyre. Além disso, tal como o método odel13, este método é multi-passo. Se tem um problema difícil ou não o conseguiu resolver com o ode45, experimente o ode 15s.

ode23s utiliza o método de Rosenbrock de segunda ordem. Como é um método de um passo, pode ser mais eficiente do que o método ode15s para casos de baixa precisão. O ode23t é uma implementação da regra do trapézio multiplicador livre. Este método só faz sentido se o problema for moderadamente rígido e não houver necessidade de amortecimento numérico da solução.

ode23tb implementa uma solução em duas fases para a fórmula implícita de Runge-Kutta. Tal como o método

ode23s este método é eficaz quando a exatidão necessária da solução é baixa.

Regras gerais para chamar os solucionadores ODU

Todas as funções acima são chamadas da mesma forma. Na forma mais simples, isto tem o seguinte aspeto:

$$[T,Y] = odeXX(odefun,tspan,y0,options,p1,p2,...).$$

Onde:

odeXX - qualquer uma das funções acima enumeradas;

odefun - cadeia de caracteres que contém o nome da função que descreve as partes corretas do sistema;

tspan é um vetor que define o intervalo de integração. Se o vetor tspan=[tO tfinal] tiver apenas dois elementos, a integração vai de tO a!final. Se o vetor tspan tiver mais de dois elementos, a função odeXX produz

a solução em todos os pontos enumerados no vetor tspan, tO > tfinal é admissível;

y0 - vetor das condições iniciais do problema;

T -vetor -coluna de instantes de tempo;

Y é uma matriz de soluções. Cada linha da matriz contém um vetor de soluções no momento ti y(i))

para o momento correspondente no tempo.

O argumento das opções é definido de uma forma especial utilizando a função de definição de opções (ver a ajuda da função odeset).

* 1,p2, - os parâmetros adicionais são passados para a função de definição das partes corretas na forma:

* defun(t,y,flag,p1,p2,...) - a função de definir as partes corretas das EDOs para o sistema tem a forma:

```
function  dydt  =  cheMehMenten(t,y,U0,  Um,  w,  D,  a1,  a2,  m1,  m2)
U=U0+Um*sin(w*t);

dydt = [

(U-y(1))*D-(m1*y(1)*y(2))/(a1+y(1))-(m2*y(3)*y(1))/(a2+y(1))

((m1*y(1))/(a1+y(1))-D)*y(2)

((m2*y(1))/(a2+y(1))-D)*y(3)

];
```

Uma experiência computacional.

A experiência computacional é uma tecnologia de investigação baseada na construção e análise de modelos matemáticos (MM) dos fenómenos e objectos em estudo através de computadores. Os principais procedimentos da experimentação computacional são:

* construção de um modelo matemático de um processo (objeto) no espaço de variáveis independentes contínuas
* seleção (construção) de um método numérico para resolver as equações MM, ou seja, formação de um MM discreto
* aplicação informática do método numérico
* teste e depuração de programas
* cálculo
* análise dos resultados e eventual correção do modelo.

Notemos algumas particularidades dos procedimentos enumerados. Os modelos matemáticos típicos dos processos físicos são sistemas de equações diferenciais e algébricas, geralmente não lineares. É extremamente raro obter as suas soluções de forma analítica (na melhor das hipóteses, é possível provar apenas a existência de uma solução). Para obter caraterísticas quantitativas dos processos, torna-se necessário recorrer a um computador e, consequentemente, construir um modelo discreto do processo. A forma de formar este último é determinada pelo método numérico escolhido. Em geral, um modelo discreto é um sistema de equações algébricas que aproxima as equações diferenciais originais e um algoritmo para resolver essas equações. A transição para um modelo discreto está associada à substituição das variáveis independentes contínuas pelos seus análogos discretos; consequentemente, a descrição dos fenómenos e processos em estudo só pode ser obtida sob a forma de funções de grelha. A solução das equações do modelo discreto requer o desenvolvimento de um programa apropriado e o seu teste em problemas semelhantes cuja solução é conhecida. A fase final da experiência computacional consiste em efetuar os cálculos necessários, analisar os resultados do ponto de vista da sua correspondência com o processo em estudo e, se necessário, corrigir o modelo. Assim, a experiência computacional contém três elementos principais: modelo - modelo discreto - programa.

CAPÍTULO 5

DESCRIÇÃO DOS PROCESSOS TECNOLÓGICOS NO BIOREACTOR.

Biorreactor (fermentador) - um recipiente no qual são cultivados microrganismos; o processo levado a cabo pelos microrganismos é designado por fermentação.

O processo de fermentação divide-se em seis fases principais:

1.   Criação do ambiente. Em primeiro lugar, deve ser selecionado um meio de cultura adequado. Os microrganismos necessitam de fontes de carbono orgânico, de uma fonte de azoto adequada e de vários minerais para o seu crescimento. Na produção de bebidas alcoólicas, o meio deve conter bagaço de cevada sedimentado, fruta ou bagas. Por exemplo, a cerveja é normalmente produzida a partir de mosto de malte e o vinho a partir de sumo de uva. Para além de água e, eventualmente, de alguns aditivos, estes extractos constituem o meio de cultura.

Os meios de produção de produtos químicos e medicamentos são muito mais complexos. Na maioria das vezes, são utilizados como fontes de carbono os açúcares e outros hidratos de carbono, mas também óleos e gorduras e, por vezes, hidrocarbonetos. As fontes de azoto são normalmente o amoníaco e os sais de amónio, bem como vários produtos de origem vegetal ou animal: farinha de soja, farinha de sementes de algodão, farinha de amendoim, subprodutos de amido de milho, resíduos de matadouros, farinha de peixe, extrato de levedura. A formulação e a otimização dos meios de cultura é um processo altamente complexo e as receitas dos meios industriais são um segredo ciosamente guardado.

2.   Esterilização. O meio deve ser esterilizado para destruir todos os microrganismos contaminantes. O próprio fermentador e o equipamento auxiliar são igualmente esterilizados. Existem dois métodos de esterilização: a injeção direta de vapor sobreaquecido e o aquecimento por meio de um permutador de calor. O grau de esterilização desejado depende da natureza do processo de fermentação. Deve ser maximizado na produção de produtos farmacêuticos e químicos. Os requisitos de esterilidade para a produção de bebidas alcoólicas são menos rigorosos. Estes processos de fermentação são designados por "protegidos" porque as condições criadas no meio são tais que apenas determinados microrganismos podem crescer no mesmo. Por exemplo, na produção de cerveja, o meio de crescimento é simplesmente fervido, não esterilizado; o fermentador também é utilizado limpo, mas não estéril.

3.   Obtenção de uma cultura. Antes do início do processo de fermentação, é necessário obter uma cultura pura e altamente produtiva. As culturas puras de microrganismos são armazenadas em volumes muito pequenos em condições que asseguram a sua viabilidade e produtividade; isto é geralmente conseguido através do armazenamento a baixa temperatura. Um fermentador pode conter várias centenas de milhares de litros de meio de cultura e o processo é iniciado pela introdução de uma

cultura (inóculo) de 1-10% do volume a ser fermentado. Assim, a cultura inicial deve ser cultivada passo a passo (com cruzamentos) até se atingir um nível de biomassa microbiana suficiente para efetuar o processo microbiológico com a produtividade necessária.

É absolutamente necessário manter a pureza da cultura durante todo este tempo, evitando a sua contaminação por microrganismos estranhos. As condições assépticas só podem ser mantidas através de um controlo microbiológico e químico-tecnológico cuidadoso.

4.   Crescimento num fermentador industrial (bioreactor). Os microrganismos industriais devem crescer no fermentador em condições óptimas para a formação do produto desejado. Estas condições são rigorosamente controladas para garantir que suportam o crescimento microbiano e a síntese do produto. A conceção do fermentador deve permitir a regulação das condições de crescimento - temperatura constante, pH (acidez ou alcalinidade) e concentração de oxigénio dissolvido no meio.

Um fermentador convencional é um tanque cilíndrico fechado no qual o meio e os microrganismos são misturados mecanicamente. O ar, por vezes oxigenado, é bombeado através do meio. A temperatura é controlada pelo fluxo de água ou vapor através dos tubos do permutador de calor. Este tipo de fermentador agitado é utilizado quando o processo fermentativo requer muito oxigénio. Alguns produtos, por outro lado, são formados em condições de ausência de oxigénio, caso em que são utilizados fermentadores de conceção diferente.

5.   Isolamento e purificação do produto. No final da fermentação, o caldo contém microrganismos, componentes nutritivos não utilizados do meio, vários produtos de microrganismos e o produto que se pretende produzir à escala industrial. Por conseguinte, este produto é purificado dos outros constituintes do caldo. Na produção de bebidas alcoólicas (vinho e cerveja), é suficiente separar simplesmente a levedura por filtração e condicionar o filtrado. No entanto, as substâncias químicas individuais produzidas pela fermentação são extraídas de um caldo complexo. Embora os microrganismos industriais sejam especialmente selecionados pelas suas propriedades genéticas, de modo a maximizar o rendimento do produto desejado do seu metabolismo (no sentido biológico), a concentração é ainda pequena quando comparada com a obtida por síntese química. Por conseguinte, é necessário recorrer a métodos de extração complexos, como a extração por solventes, a cromatografia e a ultrafiltração.

6.   Reciclagem e eliminação dos resíduos de fermentação. Todos os processos microbiológicos industriais produzem resíduos: caldo (o líquido que resta após a extração do produto); células de microrganismos usados; água suja usada para lavar a fábrica; água usada para arrefecimento; água contendo vestígios de solventes orgânicos, ácidos e álcalis. Os resíduos líquidos contêm muitos compostos orgânicos;

se forem descarregados nos rios, estimularão o crescimento intensivo da flora microbiana natural, que esgotará o oxigénio das águas dos rios e criará condições anaeróbias. Por conseguinte, os resíduos são tratados biologicamente antes da sua eliminação para reduzir o teor de carbono orgânico.

Processos microbiológicos industriais.

Os processos microbiológicos industriais podem ser classificados em 5 grupos principais:

1) cultivo de biomassa microbiana;
2) obtenção de produtos do metabolismo dos microrganismos;
3) produção de enzimas de origem microbiana;
4) obtenção de produtos recombinantes;
5) Biotransformação de substâncias.

Cultivo de biomassa microbiana. As próprias células microbianas podem servir como produto final do processo de produção. Dois tipos principais de microrganismos são produzidos à escala industrial: a levedura, essencial para a panificação, e os microrganismos unicelulares utilizados como fonte de proteínas que podem ser adicionadas à alimentação humana e animal.

Produtos metabólicos. Após a introdução da cultura no meio nutritivo, observa-se uma fase de desfasamento, em que não há crescimento visível dos microrganismos; este período pode ser considerado como um tempo de adaptação. Em seguida, a taxa de crescimento aumenta gradualmente, atingindo um valor constante e máximo para as condições dadas; este período de crescimento máximo é designado por fase exponencial ou logarítmica. Gradualmente, o crescimento abranda e ocorre a chamada fase estacionária. Nessa fase, o número de células viáveis diminui e o crescimento pára.

Seguindo a cinética descrita acima, é possível seguir a formação de metabolitos em diferentes fases. Na fase logarítmica, formam-se os produtos vitais para o crescimento microbiano: aminoácidos, nucleótidos, proteínas, ácidos nucleicos, hidratos de carbono, etc. São os chamados metabolitos primários.

Muitos metabolitos primários têm um valor considerável. Por exemplo, o ácido glutâmico (ou melhor, o seu sal de sódio) é um componente de muitos produtos alimentares; a lisina é utilizada como aditivo alimentar; a fenilalanina é um precursor do substituto do açúcar aspartame. Os metabolitos primários são sintetizados por microrganismos naturais em quantidades necessárias apenas para satisfazer as suas necessidades. Por conseguinte, a tarefa dos microbiologistas industriais consiste em criar formas mutantes de microrganismos - superprodutores das substâncias correspondentes. Neste domínio, foram feitos progressos significativos: por exemplo, foi possível obter microrganismos que sintetizam aminoácidos até uma concentração de 100 g/l (para comparação, os organismos de tipo selvagem acumulam aminoácidos em quantidades de miligramas).

Na fase de retardamento do crescimento e na fase estacionária, alguns microrganismos sintetizam substâncias que não são formadas na fase logarítmica e que não desempenham um papel óbvio no metabolismo. Estas substâncias são designadas por metabolitos secundários. Não são sintetizados por todos os microrganismos, mas principalmente por bactérias filamentosas, fungos e bactérias formadoras de esporos. Assim, os produtores de metabolitos primários e secundários pertencem a grupos taxonómicos diferentes. Embora a questão do papel fisiológico dos metabolitos secundários nas células produtoras tenha sido objeto de sérias discussões, a sua produção industrial é de indubitável interesse, uma vez que estes metabolitos são substâncias biologicamente activas: alguns deles têm atividade antimicrobiana, outros são inibidores de enzimas específicas, outros são factores de crescimento e muitos têm atividade farmacológica. A produção de tais substâncias serviu de base para a criação de uma série de ramos da indústria microbiológica. O primeiro desta série foi a produção de penicilina; o método microbiológico de produção de penicilina foi desenvolvido na década de 1940 e lançou as bases da biotecnologia industrial moderna.

A indústria farmacêutica desenvolveu métodos altamente sofisticados para a despistagem (testes em massa) de microrganismos quanto à sua capacidade de produzir metabolitos secundários valiosos. Inicialmente, o objetivo do rastreio era produzir novos antibióticos, mas depressa se descobriu que os microrganismos também sintetizam outras substâncias farmacologicamente activas. Durante os anos 80, foi estabelecida a produção de quatro metabolitos secundários muito importantes. Foram eles: a ciclosporina, um imunossupressor utilizado como agente para evitar a rejeição de órgãos implantados; o imipenem (uma modificação do carbapenem), a substância com o mais amplo espetro de atividade antimicrobiana de qualquer antibiótico conhecido; a lovastatina, um medicamento para baixar o colesterol; e a ivermectina, um agente anti-helmíntico utilizado na medicina para tratar a oncocercose, ou cegueira dos rios, e na medicina veterinária.

Enzimas de origem microbiana. À escala industrial, as enzimas são obtidas a partir de plantas, animais e microrganismos. A utilização destes últimos tem a vantagem de permitir a produção de enzimas em grandes quantidades, utilizando técnicas de fermentação padrão. Além disso, é incomparavelmente mais fácil aumentar a produtividade dos microrganismos do que das plantas ou dos animais, e a utilização da tecnologia do ADN recombinante permite sintetizar enzimas animais em células microbianas. As enzimas obtidas desta forma são principalmente utilizadas na indústria alimentar e em domínios conexos. A síntese de enzimas nas células é controlada geneticamente, pelo que os produtores industriais de microrganismos disponíveis foram obtidos por modificação dirigida da genética de microrganismos de tipo selvagem.

Produtos recombinantes. A tecnologia do ADN recombinante, mais conhecida como "engenharia genética", permite que os genes de organismos superiores sejam incorporados no genoma das bactérias. Como resultado, as bactérias adquirem a capacidade de sintetizar produtos "estranhos" (recombinantes) - compostos que anteriormente só os organismos superiores podiam sintetizar. Nesta base, foram desenvolvidos muitos novos processos biotecnológicos para produzir proteínas humanas ou animais que anteriormente não estavam disponíveis ou eram utilizadas com grande risco para a saúde. O próprio termo "biotecnologia" tornou-se popular nos anos 70, associado ao desenvolvimento de formas de produção de produtos recombinantes. No entanto, o termo é muito mais abrangente e inclui qualquer método industrial baseado na utilização de organismos vivos e processos biológicos.

A primeira proteína recombinante produzida à escala industrial foi a hormona de crescimento humana. Uma das proteínas do sistema de coagulação do sangue, o fator VIII, é utilizada no tratamento da hemofilia. Antes de serem desenvolvidos métodos geneticamente modificados para produzir esta proteína, ela era isolada do sangue humano; a utilização de uma tal preparação acarretava o risco de infeção pelo vírus da imunodeficiência humana (VIH).

Durante muito tempo, a diabetes foi tratada com sucesso com insulina animal. No entanto, os cientistas acreditavam que um produto recombinante causaria menos problemas imunológicos se pudesse ser obtido numa forma pura, sem impurezas de outros péptidos produzidos pelo pâncreas. Além disso, esperava-se que o número de doentes diabéticos aumentasse ao longo do tempo devido a factores como alterações nos padrões alimentares, melhores cuidados médicos para mulheres grávidas com diabetes e o consequente aumento da incidência de predisposição genética para a diabetes e, finalmente, um aumento esperado da esperança de vida dos doentes diabéticos. A primeira insulina recombinante foi posta à venda em 1982 e, no final da década de 1980, já tinha praticamente suplantado a insulina animal.

Muitas outras proteínas são sintetizadas no corpo humano em quantidades muito pequenas, e a única forma de as produzir a uma escala suficiente para serem utilizadas na clínica é através da tecnologia do ADN recombinante.
Estas proteínas incluem o interferão e a eritropoietina. A eritropoietina, juntamente com o fator estimulador das colónias mielóides, regula a formação de células sanguíneas nos seres humanos. A eritropoietina é utilizada no tratamento da anemia associada à insuficiência renal e pode ser utilizada como agente estimulador de plaquetas na quimioterapia do cancro.

Biotransformação de substâncias. Os microrganismos podem ser utilizados para transformar compostos em substâncias estruturalmente semelhantes mas mais valiosas. Uma vez que os microrganismos só podem catalisar determinadas substâncias, os processos em que estão envolvidos são mais específicos do que os processos puramente químicos. O processo de biotransformação mais conhecido é a produção de vinagre através da conversão de etanol em ácido acético. Mas entre os produtos formados durante a biotransformação encontram-se compostos tão valiosos como as hormonas esteróides, os antibióticos e as prostaglandinas.

CAPÍTULO 6

RESULTADO EXPERIMENTAL

Este sistema de equações diferenciais descreve os processos de desenvolvimento de populações microbianas no quimiostato proposto por Michaelis-Menten:

$$
\begin{cases}
\dot{S}(t) = (u(t) - S(t))D - \dfrac{m_1 x_1(t)S(t)}{a_1 + S(t)} - \dfrac{m_2 x_2(t)S(t)}{a_2 + S(t)} \\[2ex]
\dot{x}_1(t) = \left(\dfrac{m_1 x_1(t)S(t)}{a_1 + S(t)} - D \right) x_1(t) \\[2ex]
\dot{x}_2(t) = \left(\dfrac{m_2 x_2(t)S(t)}{a_2 + S(t)} - D \right) x_2(t) \\[2ex]
u(t) = u_0 + u_m \sin(\omega t)
\end{cases}
\qquad (4.1)
$$

Necessário:

1. Utilizando o programa escrito (Apêndice 1), construir uma solução numérica do sistema (4.1) no intervalo de tempo t [0; T], em que T é escolhido o suficiente para estabelecer o regime de estado estacionário, com parâmetros positivos do sistema registados na Tabela 2.

2. Verificar se o método de controlo afecta a concentração populacional constante e se é possível obter uma concentração populacional mais elevada por influência harmoniosa do que com uma ação de controlo constante.

3. Desenhar gráficos da solução do sistema

Os parâmetros são definidos no programa:

U0 - componente constante da influência harmónica;

Um é a amplitude das oscilações;

w é a frequência de oscilação;

O mesmo acontece com o valor inicial do substrato;

XIo é o valor inicial da primeira população;

X2o é o valor inicial da segunda população;

D, al, a2, ml, m2, - parâmetros do quimióstato;

TO é a hora de início da simulação;

Tm - tempo final da modelação

Tabela 4.1 - Dados para modelação por simulação de culturas de Lactococcus lactis subsp. Lactis e Lactococcus lactis subsp. cremoris.

Параметр	$u0$	um	ω	№ рисунка	Параметры хемостата и начальные условия
	1	0	0	Рис.4.1	$S(0)=1$
	1	0,05	1	Рис.4.2	
Значение	1	0,3	1	Рис.4.3	$X_1(0)=1$
	1	0,5	1	Рис.4.4	$X_2(0)=1$
	1	0,7	1	Рис.4.5	
	1	0,8	1	Рис.4.6	$D=1$
	1	1	1	Рис.4.7	$a_1=0.25;\ a_2=1;$ $m_1\ 2;\ m_2\ 4,5;$

O gráfico no canto superior esquerdo mostra:

- Valores máximos das concentrações de substrato (Smax) e das populações (X1mah;X2mah) atingidos no intervalo [T0; Tm];
- Controlo - tipo de função de controlo;
- Dt - krok obkuslenie;
- Modelo - Parâmetros do quimióstato;

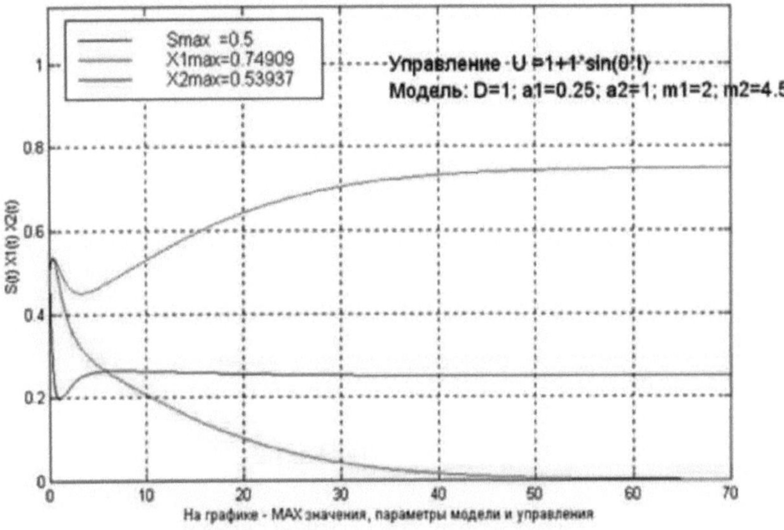

Figura 4.1 - Carácter de crescimento da cultura com fornecimento constante de substrato. XI - Lactococcus lactis subsp. lactis X2 - Lactococcus lactis subsp. cremoris. S - substrato.

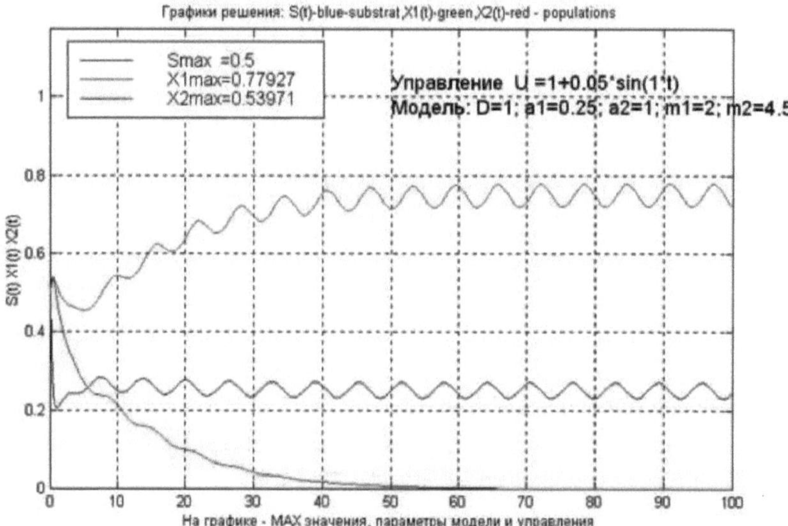

Figura 4.2 - Carácter de crescimento da cultura com fornecimento de substrato por impulsos. XI - Lactococcus lactis subsp. lactis X2 - Lactococcus lactis subsp. cremoris. S - substrato. Frequência de alimentação de substrato 0,02 l/xv. Psryud - 10 xv.

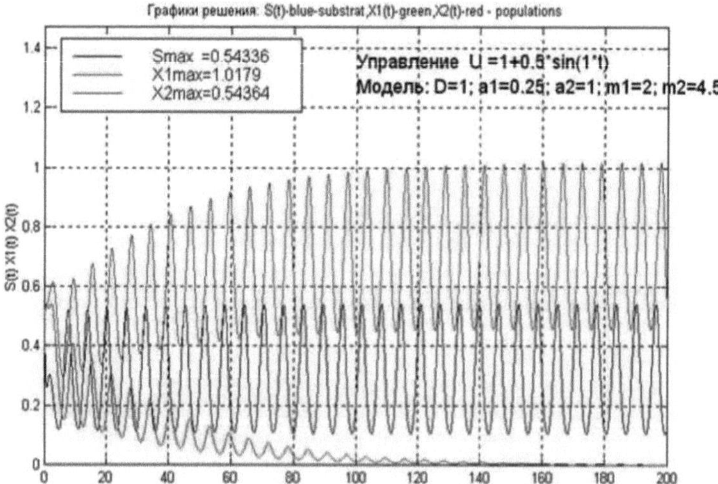

Figura 4.3 - Padrão de crescimento da cultura durante a alimentação pulsada de substrato.

XI - Lactococcus lactis subsp. lactis X2 - Lactococcus lactis subsp. cremoris. S - substrato. Frequência de alimentação com substrato 0,08 l/xv. Peryud 5 xv

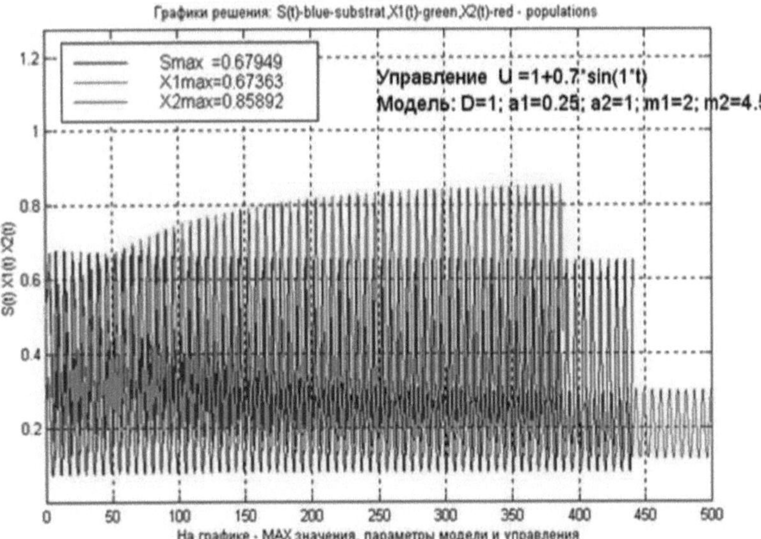

Figura 4.4 - Carácter de crescimento da cultura com fornecimento de substrato por impulsos. XI - Lactococcus lactis subsp. lactis X2 - Lactococcus lactis subsp. cremoris. S - substrato. Frequência de alimentação! substrato 0,075 l/xv. Peryud - 6,25 hv.

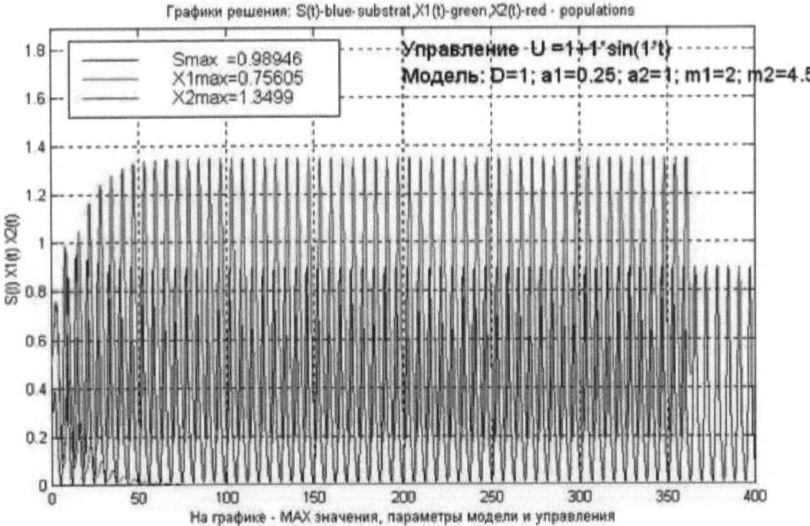

Figura 4.5 - Carácter de crescimento da cultura com fornecimento de substrato por impulsos. XI - Lactococcus lactis subsp. lactis X2 - Lactococcus lactis subsp. cremoris. S - substrato. Frequência de alimentação de substrato 0,28 l/xv. Peryud - 6 xv

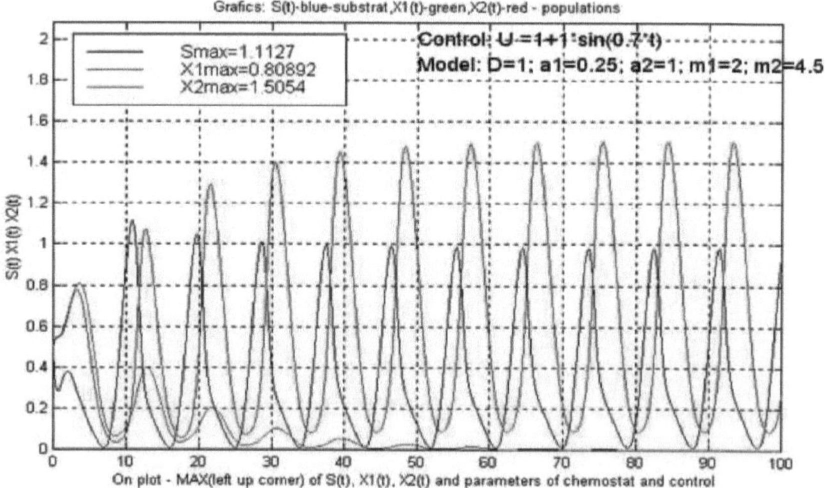

Figura 4.6 - Carácter de crescimento da cultura com fornecimento de substrato por impulsos. XI - Lactococcus lactis subsp. lactis X2 - Lactococcus lactis subsp. cremoris. S - substrato. Frequência de alimentação de substrato 0,2 litros/xv. Peryud - 5 xv

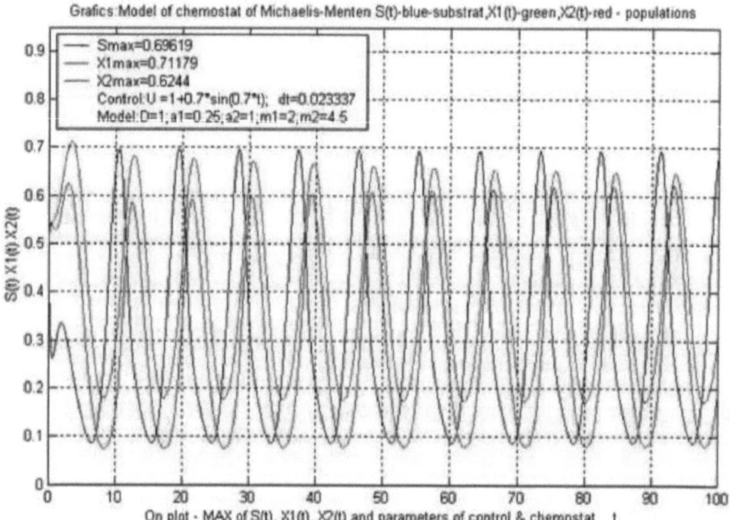

Figura 4.7 - Carácter de crescimento da cultura com fornecimento de substrato por impulsos. XI - Lactococcus lactis subsp. lactis X2 - Lactococcus lactis subsp. cremoris. S - substrato. Frequência de alimentação de substrato 0,06 l/xv. Peryud - 10 xv

CAPÍTULO 7

RESULTADOS DA MODELAÇÃO NUMÉRICA.

Os resultados da modelação numérica são matrizes de números sobre as quais são traçados os gráficos das soluções. O texto do ficheiro M é apresentado no Apêndice 1.

A implementação de métodos numéricos para a resolução das equações de Chemostat em MATLAB 2011, proposta neste trabalho, permite-nos construir soluções com precisão suficiente para as necessidades da prática. A confirmação da veracidade das soluções é a coincidência das curvas apresentadas com os resultados dos cálculos analíticos das soluções para alguns tipos especiais de influências de entrada. Assim, por exemplo, os transientes no quimiostato correspondentes a concentrações de entrada constantes $So = 0,25$; $X01 = 0,75$; $X02 = 0$, coincidem com os resultados analíticos. Do mesmo modo, os parâmetros das oscilações em estado estacionário para flutuações de amplitude não muito grande da concentração do substrato de entrada, apresentados nos gráficos dos apêndices 2-3, coincidem com os parâmetros dos modos oscilatórios, que são calculados pelo método de linearização harmónica;

2. O procedimento proposto de solução numérica permitiu realizar estudos de transientes e modos oscilatórios constantes para frequências ultrabaixas e quaisquer amplitudes de influência de entrada, quando nenhum método analítico de cálculo (incluindo o método de linearização harmónica) é inadequado;

3. Os resultados da modelação numérica dos processos no quimiostato mostraram que, alterando os parâmetros das flutuações do fluxo de substrato de entrada, é possível controlar os processos de sobrevivência e extinção de diferentes populações no interior do quimiostato; em particular, para o caso de duas populações - a população extingue-se a uma concentração constante do fluxo de substrato de entrada, a uma influência periódica de entrada pode ter uma densidade superior à densidade da população estacionária, sobrevive a um fluxo constante - este facto pode ser de grande importância prática.

CAPÍTULO 8

lista de fontes

1. A. D. Bazykin. Biofísica matemática de populações em interação. M., Nauka, 1985;
2. P. A. Poluektov et al. Modelos dinâmicos de sistemas ecológicos. L.: Gidrometeoizdat, 1980;
3. B.G. Zaslavsky, R.A. Poluektov. Gestão de sistemas ecológicos. Moscovo: Nauka, 1988;
4. Hsu S. B., Hubbell S., Waltman P. A mathematical theory for singlenutrient competition in continuous cultures of microorganisms, SAM S. S. Appl. Math. 32, 1977;
5. Bailey J. E., Ollis D. F. Fundamentos de engenharia bioquímica. N. Y.: McGraw-Hill, 1977;
6. Butler G. J., Hsu S. B., Waltman P. Um modelo matemático do quimiostato com taxa de lavagem periódica // SIAM J. Appl. Appl. Math. 1985. V. 45. P. 435449;
7. Butler G. J., Wolkowitcz G. S. K. Um modelo matemático do quimiostato com uma classe geral de funções que descrevem a absorção de nutrientes // SIAM J. Appl. Appl. Math. 1985. V. 45. P. 138- 150;
8. Smith Hal L. Coexistência competitiva num quimiostato oscilante // SIAM J. Appl. Appl. Math. 1981. V. 40. No. 1. P. 498-522;
9. Afanas'ev V. N., Kolmanovskii V. B., Nosov V. R. Mathematical theory of conrol systems design. Dordrecht: Kluwer Acad. Publ., 1996;
10. Smith H.L., Waltman P. The theory of chemostat: dynamics of microbial competition. Cambridge University Press, 1995;
11. G.E. Kolosov, D.V. Nezhemetdinova. Journal of Automation and Telemechanics No.1, 2000 "Investigation of steady-state oscillatory processes in chemostat", 2000;
12. Fermentações de culturas mistas Clifford W. Hesseltine
13. Orientações metodológicas para a fundamentação económica do trabalho científico e de investigação no projeto de diploma (para especialidades x!м1чnyh) / Compilado por. Karetshkova V.S., Bisher D.N. - X.: NTU XSh. - 2002 - 64 p. A Lei da Ucrânia "Sobre a proteção das florestas", leaffall 2002 p.
14. M.P. Benko, I.A. Belikh. Instruções metodológicas para a realização do trabalho de teste no grau de bacharel, cneuianicTa (alteração e conceção da nota explicativa) para estudantes da especialidade 6.0929, 7.0929 "Engenharia industrial". - NTU "HPI", 2008.

CAPÍTULO 9

APÊNDICE 1

Código do programa escrito no sistema! MATLAB.

```
function [y]=Chemos(U0, Um, w, So, X1o, X2o, D, a1, a2, m1, m2, T0, Tm);
% function Chemostat_model(U0, Um, w, So, X1o, X2o, D, a1, a2, m1, m2,
T0, Tm)
% modeling of controled chemostat described of system ODE by Michaelis-
Menten
% function has 13 positive parameters:
% U0, Um, w - components of control function U = U0 + Um*sin(w*t)
% So > 0, X1o > 0, X2o > 0 - inital conditions of system ODE
% D, a1, a2, m1, m2 - parameters of chemostat
% T0,Tm - define time span [T0 Tm] of modeling
%if nargin < 1
% U0=1; Um=0.5; w=1; D=1; a1=0.25; a2=1; m1=2; m2=4.5;T0=0; Tm=10;
%end
tspan = [T0; Tm]; y0 = [So X1o X2o];
%check(U0,Um,w,D,a1,a2,m1,m2);
%options      =      odeset('RelTol',1e-8,'AbsTol',[1e-8      1e-8      1e-
8],'OutputFcn',@odephas3); фазовый
%портрет
options = odeset('RelTol',1e-8,'AbsTol',[1e-8 1e-8 1e-8]);
[t y] = ode45(@cheMehMenten,tspan,y0,options,U0,Um,w,D,a1, a2, m1, m2);
%--------------------------------------------------------------------------
figure;
%plot(t,y(:,1),'-',t,y(:,2),'-',t,y(:,3),'-',t,control_U,'--');
plot(t,y(:,1),'-',t,y(:,2),'-',t,y(:,3),'-');
zoom on; plotedit on;
solution = [ t , y ]; size_of_solution = size(solution);
dt = (Tm - T0)/size_of_solution(1); delta_t = num2str(dt);
d_t = '; dt=';
```

```matlab
M=max(y);
 d = 'Model:D='; D_chem = num2str(D); apar1=';a1=';
a_1 = num2str(a1); apar2 = ';a2= ';
a_2 = num2str(a2); mpar1 = ';m1= '; m_1 = num2str(m1); mpar2 = ';m2= ';
m_2 = num2str(m2);
parchemostat = strcat(d,D_chem,apar1,a_1,apar2,a_2,mpar1,m_1,mpar2,m_2);
u = 'Control:U =';
Uo = num2str(U0); plus = '+';
um = num2str(Um);
sinus = '*sin('; w_=num2str(w);closeU = '*t)';
control            =            strcat(u,Uo,plus,um,sinus,w_,closeU,d_t,delta_t);
Smax=(max(y(:,1)));
X1max=max(y(:,2));
X2max=max(y(:,3)); Ycoord=[Smax X1max X2max ];
title('Grafics:Model   of   chemostat   of   Michaelis-Menten   S(t)-blue-
substrat,X1(t)-green,X2(t)-red - populations');
xlabel( 'On plot - MAX of S(t), X1(t), X2(t) and parameters of control &
chemostat   t' ); ylabel('S(t) X1(t) X2(t)');
grid;
S   =   'Smax=';   Smax=num2str(Smax);   S_leg   =   strcat(S,Smax);
X1max=num2str(X1max); X1 = 'X1max=';
X1_leg = strcat(X1,X1max); X2max=num2str(X2max);
 X2 = 'X2max=';
X2_leg = strcat(X2,X2max);
legend(S_leg,X1_leg,X2_leg,control,parchemostat,2);   axis( [  0,  Tm,  0,
max(Ycoord)+ max(Ycoord)/3] );
% -------------------------------------------------------------------
function dydt = cheMehMenten(t,y,U0, Um, w, D, a1, a2, m1, m2)
U=U0+Um*sin(w*t);
dydt = [
```

        (U-y(1))*D-(m1*y(1)*y(2))/(a1+y(1))-(m2*y(3)*y(1))/(a2+y(1))
((m1*y(1))/(a1+y(1))-D)*y(2)
        ((m2* y(1))/(a2+y(1))-D)* y(3)
        ];